BEI GRIN MACHT SICH IHR WISSEN BEZAHLT

- Wir veröffentlichen Ihre Hausarbeit, Bachelor- und Masterarbeit

- Ihr eigenes eBook und Buch - weltweit in allen wichtigen Shops

- Verdienen Sie an jedem Verkauf

Jetzt bei www.GRIN.com hochladen und kostenlos publizieren

Dimitri Falk

Georisiken und Freisetzung von Methan durch auftauenden Permafrost

GRIN Verlag

Bibliografische Information der Deutschen Nationalbibliothek:

Die Deutsche Bibliothek verzeichnet diese Publikation in der Deutschen National-
bibliografie; detaillierte bibliografische Daten sind im Internet über http://dnb.d-
nb.de/ abrufbar.

Impressum:

Copyright © 2012 GRIN Verlag GmbH
Druck und Bindung: Books on Demand GmbH, Norderstedt Germany
ISBN: 978-3-656-60712-0

Dieses Buch bei GRIN:

http://www.grin.com/de/e-book/269574/georisiken-und-freisetzung-von-methan-
durch-auftauenden-permafrost

RWTH Aachen   06.04.2012

Geographisches Institut

Hauptseminar „Globaler Wandel und der Einfluss in Landschaftsräumen Asiens"

Sommersemester 2012

Hausarbeit

Georisiken und Freisetzung von Methan durch auftauenden Permafrost

Dimitri Falk

Dimitri Falk

6. Semester

Studienfach: B.Sc. Angewandte Geographie

Inhaltsverzeichnis

1 Einleitung

In den letzten Jahren häufen sich Berichte in den Medien über auftauenden Permafrost sowie damit verbundener verstärkter Freisetzung von Methan. Die damit einhergehende Verstärkung des Treibhauseffektes vor dem Hintergrund der ohnehin schon prognostizierten globalen Erwärmung käme somit, wenn man den Pressemeldungen glauben schenken darf, einer ‚Klimakatastrophe' gleich. Zugleich bedeutet ein Auftauen des Dauerfrostbodens eine Absenkung der Landoberfläche, was zum Teil gravierende Auswirkung auf umliegende Infrastruktur haben kann, die schlimmstenfalls zusammenbricht. Aufgrund des aktuellen Bezuges und der vermeintlich klimatischen Brisanz soll im Rahmen der vorliegenden Arbeit das Thema des auftauenden Permafrostes wissenschaftlich aufgearbeitet werden.

Den Einstieg in das Thema stellt eine Einführung in die Grundlagen des Permafrostes dar, indem nach einer kurzen Definition zur klaren begrifflichen Abgrenzung auf die Gliederung des Permafrostes in horizontaler und vertikaler Dimension, seine räumliche Verbreitung und die ökologische Bedeutung eingegangen wird. Darauf aufbauend erfolgt im nächsten Kapitel eine Zusammenfassung der Ursachen für die Permafrostdegradierung sowie direkter Folgen für den Permafrostkörper, wobei zwischen klimatischen Ursachen auf Grundlage der prognostizierten Temperaturerhöhung für betroffene Gebiete sowie der Zerstörung der Vegetationsdecke durch diverse anthropogene Eingriffe unterschieden wird. Im Hauptteil der Arbeit erfolgt eine Thematisierung der durch die Permafrostdegradierung entstehenden Gefahren, die in geomorphologische Risiken und die Freisetzung von Methan unterteilt werden. Besonderes Augenmerk wird dabei auf Massenbewegungen im Hochgebirge und infrastrukturelle Probleme infolge der Bodensackungen gelegt. Abschließend wird in Anbetracht der morphologischen und klimatischen Auswirkungen der Permafrostdegradierung unter besonderer Berücksichtigung des anthropogenen Einflusses ein Fazit gezogen.

Das Ziel der Arbeit ist die Schaffung einer kurzen Übersicht über grundlegende ökologische Verhältnisse im periglazialen Raum sowie entstehender Georisiken bzw. die Verstärkung des globalen Treibhauseffektes durch eine großflächige Permafrostdegradierung.

2 Grundlagen zum Permafrost

2.1 Definition von Permafrost

In Anlehnung an die Definition von Muller (1947) versteht man unter dem Begriff *Permafrost* „ein Substrat oder vielmehr den thermischen Zustand eines Substrats, ganz gleich, ob Festgestein oder Lockermaterial, trocken oder durchfeuchtet, der sich durch Temperaturen unter dem Gefrierpunkt für die Dauer von mindestens zwei Wintern und einem dazwischenliegenden Sommer auszeichnet" (Karte 1979:20). Synonyme Verwendung finden die Begriffe *Dauerfrostboden* (dt.), *Ewige Gefrornis* (dt.), *permanently frozen ground* (engl.), *perennially frozen ground* (engl.), *Pergélisol* (fr.), *Wetschnaja Merslota* (rus.) und *Perenne Tjäle* (schw.) (Weise 1983:18). Grundsätzlich kann zwischen dem trockenen Permafrost und dem eishaltigen Permafrost unterschieden werden. Der trockene Permafrost, oder auch *dry-frozen ground*, verfügt über einen Eisgehalt von weniger als 5 Vol.-% im Porenraum und ist daher aufgrund des fehlenden Bindemittels nicht so kompakt ausgebildet wie eishaltiger Permafrost (Wüthrich/Thannheiser 2002:80). Als Verbreitungsgebiet von trockenem Permafrost kommen lediglich trocken-kontinentale Gebiete mit unter 100 mm Jahresniederschlag, in denen die Sublimation und die Evapotranspiration überwiegen, in Betracht (Wüthrich/Thannheiser 2002:80). Von einer flächenhaften Verbreitung ist beim eishaltigen Permafrost, oder *wet-frozen ground*, auszugehen, der durch einen hohen Feuchtigkeitsgehalt charakterisiert wird (Weise 1983:17). Dabei kann es vorkommen, dass gefrorenes und ungefrorenes Wasser im Gleichgewicht vorliegt, was durch vorherrschende Drücke, Wasserverunreinigungen wie Salze, die Bodenart und lokal unterschiedliche Temperaturen bestimmt wird (Karte 1979:21).

Permafrost, der unter klimatischen Bedingungen des letzten Glazials gebildet wurde und sich bis heute erhalten konnte, wird als *reliktischer Permafrost* angesprochen, während die Bildung von Permafrost als Folge der real vorherrschenden klimatischen Bedingungen in einem Gebiet als *rezenter Permafrost* anzusprechen ist (Wüthrich/Thannheiser 2002:80). Auch wenn aufgrund der periglazialen Umweltbedingungen Permafrost häufig mit verschiedensten periglazialen Formen vergesellschaftet ist, muss darauf hingewiesen werden, dass Permafrost keine materielle Erscheinung bzw. Oberflächenform, sondern einen thermischen Zustand der Lithosphäre darstellt (Dobinski 2011:158-159).

2.2 Gliederung des Permafrostkörpers

Mit zunehmender Entfernung vom periglazial geprägten Raum nimmt die Mächtigkeit des Permafrostes für gewöhnlich ab bis es schließlich nur noch zu einer lückenhaften bzw. inselhaften Ausbildung kommt und sich somit anhand der geographischen Breite eine weitere Gliederung vornehmen lässt (Weise 1983:18). Mit der Abnahme der Mächtigkeit des Permafrostkörpers geht zudem eine Zunahme der sommerlichen Auftauschicht einher. Somit kann zwischen dem kontinuierlichen, dem diskontinuierlichem und dem lückenhaften Permafrost unterschieden werden, wie der Abb. 1 zu entnehmen ist.

Kontinuierlicher Permafrost bildet einen lückenlosen Körper mit Mächtigkeiten von mehreren hundert Metern im Untergrund, der sich bei thermischen Rahmenbedingungen von -7/-8 °C minimaler Jahresmitteltemperatur ausbildet (Blümel 1999:142). Kontinuierlicher Permafrost findet sich in Gebieten, in denen die rezenten klimatischen Bedingungen für die Bildung von Permafrost ausreichend sind und befindet sich somit „im Einklang mit den rezenten klimatischen, hydrologischen, geologischen, geomorphologischen und etwaigen anderen, den Permafrost beeinflussenden Faktoren" (Weise 1983:18).

Dem diskontinuierlichen Permafrost werden lückenhafte Ausbildungen mit Mächtigkeiten im Dekameter-Bereich, bei denen über 50 % der Fläche gefroren sind, zugerechnet (Weise 1999:142). Begrenzt wird die Zone des diskontinuierlichen Permafrostes durch Jahresmitteltemperaturen von -3/-4 °C (Blümel 1999:142). Die rezenten klimatischen Bedingungen sind nur in edaphischen Gunstlagen, wie unter Vegetation, zur Bildung von Permafrost ausreichend (Weise 1983:18). Somit ist der diskontinuierliche Permafrost aus meist reliktischer Erhaltung als regressiv anzusehen, da ein Gleichgewicht mit den rezenten Umweltbedingungen nicht mehr gegeben ist (Weise 1983:18).

Unter sporadischem Permafrost wird die inselhafte Ausprägung von gefrorenem Substrat in sonst ungefrorener Lithosphäre verstanden, wobei unter 50 % der Fläche von Permafrost eingenommen wird (Weise 1983:19). Als thermische Rahmenbedingung wird die Grenze von -1/-2 °C Jahresmitteltemperatur angegeben (Blümel 1999:142). Bei höheren Temperaturen entfällt auch das Vorkommen von sporadischem Permafrost, der als sich im weiteren Abbau befindliche Reliktform gedeutet wird (Weise 1983:19).

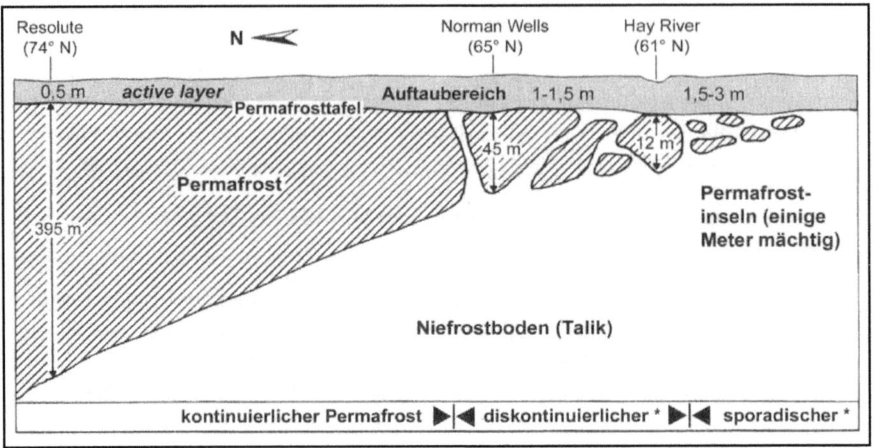

Abb. 1: Schematisches Profil durch die Permafrostzone Kanadas (Zepp 2008:209 nach Washburn 1979)

Unabhängig von der geographischen Lage lässt sich auch eine vertikale Gliederung des Permafrostkörpers anhand des Temperaturprofils und des Aggregatzustandes des Substrats vornehmen (vgl. Abb. 2). An der Oberfläche anstehend befindet sich über dem Permafrost demnach der Auftaubereich, der im Sommer bzw. im tageszeitlichen Verlauf aufgrund erhöhter Einstrahlung auftaut und mit nachlassender Einstrahlung erneut gefriert (Weise 1983:39). Im angelsächsischen Raum findet der Begriff *active layer* synonyme Verwendung und verdeutlicht zugleich, dass nur der Auftaubereich den geomorphologisch aktiven Teil der Erdoberfläche im periglazial geprägten Raum darstellt (Ahnert 2003:143). Die Mächtigkeit des Auftaubereichs ist jährlichen Schwankungen unterlegen und wird dabei von ökologischen Faktoren wie Klima, Relief, Bodenart, Hangexposition, Vegetations- und Schneebedeckung, Eisgehalt sowie Wasserhaushalt gesteuert (Lemke et al. 2007:369). Aufgrund der hohen Wärmespeicherkapazität des Wassers und der schlechten Wärmeleitfähigkeit von Torf haben die organischen Auflagehorizonte der Moore eine isolierende Funktion der darunter liegenden Mineralbodenschicht vor eindringender Wärme (Wüthrich/Thannheiser 2002:85), was direkte Auswirkungen auf die Mächtigkeit des Auftaubereiches hat. Erreicht der Auftaubereich eine solche Mächtigkeit, dass die durchgeleitete Wärme nicht mehr ausreichend ist, um darunterliegenden Permafrost aufzutauen, ist die *Permafrosttafel* erreicht (Weise 1983:39). Thermisch betrachtet gilt sie als diejenige Grenze im Substrat, unterhalb der im jahreszeitlichen Verlauf keine positiven Temperaturen mehr auftreten, die ein Auftauen ermöglichen würden (Weise 1983:39).

Die grobe Schätzung der Mächtigkeit des Permafrostkörpers kann dabei auf Grundlage der mittleren jährlichen Lufttemperatur und des geothermischen Tiefengradienten erfolgen (Wüthrich/Thannheiser 2002:81). Davon ausgehend, dass die mittlere jährliche Temperatur des Oberbodens um ca. 1,5 °C über der mittleren jährlichen Lufttemperatur liegt und dass der geothermische Tiefengradient mit 3 K pro 100 m beziffert wird (Wüthrich/Thannheiser 2002:81), kann z.B. bei einem Jahresmittel der Lufttemperatur von -3 °C von einer Permafrostmächtigkeit von ungefähr 50 m ausgegangen werden. Die thermische Null-Amplitude beschreibt dabei die Grenze, ab der der Temperaturverlauf in der Lithosphäre nur noch durch den geothermischen Gradienten und nicht mehr durch jahreszeitliche Temperaturschwankungen bestimmt wird. Mit sukzessive ansteigender Temperatur im Untergrund werden in einer bestimmten Tiefe, der Untergrenze des Permafrostbodens, wieder positive Temperaturen erreicht, sodass es zu keiner Ausbildung von Permafrost mehr kommen kann und man daher von darunter liegendem Niefrostboden, der auch als *Talik* bezeichnet wird, spricht (Blümel 1999:142).

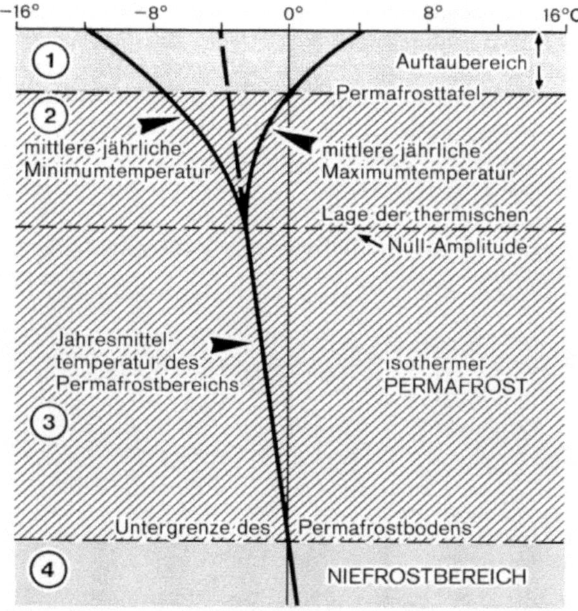

Abb. 2: Temperaturprofil und Gliederung eines Permafrostkörpers (Blümel 1999:143 nach Karte 1979)

2.3 Räumliche Verbreitung von Permafrost

Mit einer flächenhaften Ausdehnung von 36,2 Mio. km^2 findet Permafrost nach French (2007:95) ungefähr auf 25 % der Erdoberfläche Verbreitung, wobei 22,7 Mio. km^2 auf die Tundren und borealen Nadelwälder der Nordhemisphäre und 13,5 Mio. km^2 auf die Südhemisphäre bzw. die Antarktis entfallen. Staaten mit einem großen Flächenanteil an Dauerfrostböden stellen die GUS-Staaten mit 11,0 Mio. km^2, Kanada mit 5,7 km^2, China mit 2,1 Mio. km^2, Grönland mit 1,6 km^2, Alaska mit 1,5 Mio. km^2 und die Mongolei mit 0,8 Mio. km^2 dar (French 2007:95). Generell lässt sich festhalten, dass das Vorkommen von Permafrost entweder an eine periglazial geprägte geographische Breitenlage oder an die periglaziale Höhenstufung gebunden ist, so dass bei Permafrostvorkommen von einer zonalen, alpinen, montanen und submarinen Verbreitung gesprochen wird (French 2007:94). Der zonale Permafrost beschränkt sich auf die polargeprägten Gebiete der hohen Breiten und kann üblicherweise als eine Abfolge von konzentrischen Kreisen, die den kontinuierlichen, diskontinuierlichen und sporadischen Permafrost darstellen (vgl. Abb. 3), beschrieben werden (André/Anisimov 2009:344).

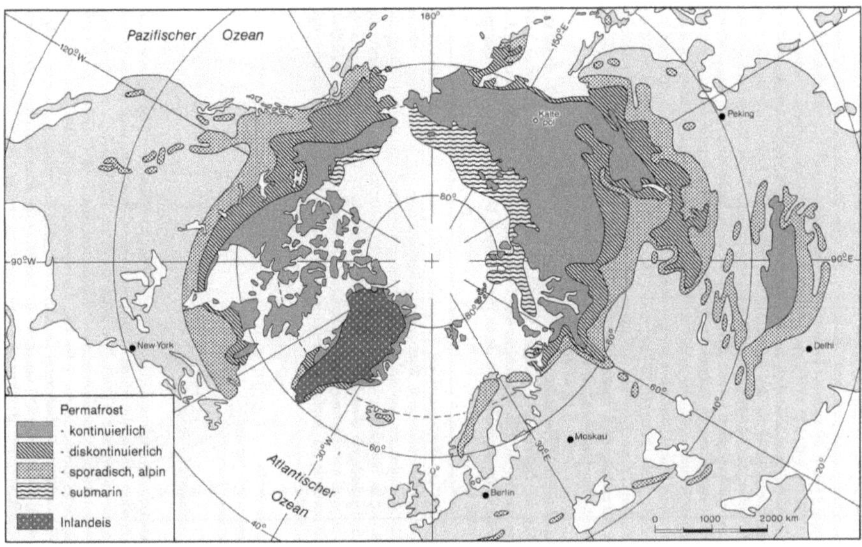

Abb. 3: Verbreitung von Permafrostvorkommen auf der Nordhalbkugel (Blümel 1999:139)

Die Verbreitung von zonalem Permafrost kann allerdings nicht einzig als klima-zonale Funktion gesehen werden, da lokale Einflussfaktoren wie Vegetationsbedeckung und Gewässer, z.B. Flüsse und Seen, durch ein eigenes Temperaturregime modifizierend wirken (Blümel 1999:142). So soll sich unter Seen und Flüssen im Mackenzie-Gebiet des nördlichen Kanada Niefrostboden befinden, während unter borealen Nadelwaldarealen mit Durchmessern von wenigen hundert Metern bereits 100 m mächtiger Permafrost entwickelt ist (Blümel 1999:142 zit. in Smith 1973). Nicht eindeutig geklärt ist, welche diskontinuierliche bzw. sporadische Permafrostvorkommen „vorzeitliche Gefrornis [...] konservieren oder dem heutigen Klima entsprechende Bildungen sind" (Blümel 1999:138), also ob sie als reliktisch oder rezent anzusprechen sind. Aufgrund der Vereisungsgeschichte zur Zeit des letzten Glazials wird aber angenommen, dass lückenhaft ausgebildeter Permafrost in Kanada sich in der jungquartären Landschaft erst neu bilden musste und daher rezenter Natur ist, während das selbe Phänomen in Sibirien als fortschreitende Degradierung einer ehemals großflächigeren Permafrostverbreitung und daher als reliktisch interpretiert wird (Blümel 1999:142).

Die alpine Permafrostverbreitung ist als höhenmäßige Variation des zonalen Permafrostes anzusehen und kann in etwa durch die Untergrenze des Vorkommens aktiver Blockgletscher beschrieben werden (Weise 1983:22). Da manche Gebirgszüge sich allerdings bis in die hohen Breiten erstrecken, gelingt keine eindeutige Unterscheidung zwischen zonalem und alpinem Permafrost (French 2007:98). Generell lässt sich allerdings festhalten, dass mit abnehmender geographischer Breite die Höhengrenze des Vorkommens von Permafrost ansteigt. Bei den nordamerikanischen Kordilleren lässt sich die Grenze bei 60° N bereits in einer Höhe von 1.000 m ü. NHN ausmachen, während sie zwischen 33° N und 39° N bereits auf eine Höhe von 3.000 m ü. NHN ansteigt und sich bei 20° N in einer Höhe von 4.500-4.800 m ü. NHN befindet (French 2007:99). Auch der alpine Permafrost lässt sich in kontinuierlichen, diskontinuierlichen und sporadischen Permafrost dreiteilen. So findet sich in den Alpen der sporadische Permafrost ab einer Höhe von 2.400 m ü. NHN wieder, die Grenze zum diskontinuierlichen Permafrost verläuft in einer Höhe von 2.700-2.800 m u. NHN und der Übergang zum kontinuierlichen Permafrost findet in einer Höhe von rund 3.300 statt (Veit 2002:111). Der montane Permafrost unterscheidet sich insofern vom zonalen, als dass er sich in kalten-ariden und kontinentalen Gebieten in großen Höhenlagen und niedriger geographischer Breite ausbildet und zudem nicht wie der alpine durch steile Hänge und anstehendes Gestein charakterisiert werden kann (French 2007:100-101). Die Verbreitung beschränkt sich in Zentralasien zum größten Teil auf das Qinghai-Xizang Plateau und untergeordnet auf die Mongolei und Kasachstan (French 2007:101). Vom terrestrischen Permafrost muss der Sonderfall des submarinen Permafrostes unterschieden werden, der in Flachmeerbereichen des Nordpolarmeeres wie der Beaufort-, der Laptev-, der Barents-, der Kara- und der Ostsibirischen See anzutreffen ist und in Wassertiefen von ca. 60-70 m als kontinuierlicher sowie in Wassertiefen von ca. 100 m als diskontinuierlicher Permafrost ausgebildet ist (Wüthrich/Thannheiser 2002:84). Als Genese lässt sich die glazialeustatische Regression des Meeresspiegels während des letzten Glazials anführen, so dass der Schelfbereich durch periglaziale Umweltbedingungen geprägt wurde (Blümel 1999:143) und submariner Permafrost somit auch als reliktisch angesehen werden kann.

Aufgrund der großflächigen Verbreitung von Permafrost, der im Vergleich zu anderen Ländern relativ hohen Bevölkerungskonzentration (André/Anisimov 2009:346) und daher des höheren ‚social impacts' sowie des regional vorgeschriebenen Schwerpunktes wird der Fokus im weiteren Verlauf der vorliegenden Arbeit primär auf die GUS-Staaten bzw. Russland gelegt.

2.4 Ökologische Bedeutung

Permafrost ist aufgrund vorherrschender frostdynamischer Vorgänge ein Charakteristikum von periglazial geprägten Gebieten und damit vergesellschafteten Oberflächen- sowie Vegetationsformen, die typischerweise der (Sub-)Polaren bzw. Borealen Ökozone zugerechnet werden können (Schultz 2002:118). Die weitgehende Versiegelung des Unterbodens durch die Permafrosttafel, die die Perkolation des Oberflächenwassers verhindert, steuert zahlreiche geoökologische, -morphodynamische, pedologische und hydrologische Prozesse (Blümel 1999:140). Permafrost schränkt dabei erheblich die Drainage von ganzen Einzugsgebieten ein, so dass das im Zuge der Schneeschmelze freigesetzte Wasser als Oberflächen- oder Zwischenabfluss abfließen muss (Stonehouse 1989:69) oder sich in Mulden, Tiefenlinien und Ebenen sammelt, was letztlich durch die Entstehung großer Feuchtgebiete zur großflächigen Moorbildung führt, die bezeichnend für diese Ökozonen ist (Wüthrich/Thannheiser 2002:86). Auf die durch Permafrost induzierten geomorphologischen und pedologischen Prozesse kann aufgrund des beschränkten Umfangs der Arbeit nicht näher eingegangen werden, auch wenn sie gemäß der Ökologie selbstverständlich auch ihrerseits eine wichtige Rolle für die verbreiteten Vegetationgesellschaften haben.

Nach Treter (1993:4) stellt der Permafrost für die borealen Wälder einen limitierenden Standortfaktor dar, durch den die Pflanzenprimärproduktion erheblich eingeschränkt wird. Die Permafrosttafel stellt nicht nur die Funktion der wasserstauenden Schicht dar, sondern bildet auch eine undurchdringbare Barriere für Wurzeln aus, sodass die Wachstumshöhe, -form und Stabilität aufgrund der geringen Eindringtiefe der Wurzeln limitiert wird (Stonehouse 1989:69). Die sommerliche Auftauschicht kann von den Pflanzen durchaus als eingeschränktes Reservoir für Nährstoffe und Feuchtigkeit genutzt werden, allerdings stellt der Dauerfrostboden im Untergrund an sich ein nicht pflanzenverfügbares Reservoir dar (Wüthrich/Thannheiser 2002:85). Hinzu kommt noch das Problem, dass gefrorener Boden durch sein niedriges Wasserpotenzial den lebenden Zellen Feuchtigkeit entzieht, weshalb die Frostschäden an Pflanzen in erster Linie durch Frosttrocknis verursacht werden und erst nachrangig durch die Bildung von Eiskristallen im Zellplasma (Wüthrich/Thannheiser 2002:86). Aus diesem Grund bilden viele unter Wasserstress stehende Pflanzen typische trockenheitsadaptierte Anpassungen aus (Wüthrich/Thannheiser 2002:86). Dies soll allerdings nicht bedeuten, dass das Vorkommen von Fichten, Kiefern, Tannen und Lärchen an ungefrorenen Untergrund gebunden ist, da die polare Baumgrenze relativ gut mit der 10 °C-Juli-Isotherme korreliert und nördlicher verläuft als die Grenze des diskontinuierlichen Permafrostes, was auf die Bedeutsamkeit der Vegetationsperiode in diesem Zusammenhang hindeutet.

In der 1-5 Monate dauernden sommerlichen Vegetationsperiode, die je nach geographischer Breite schwankt, nehmen die Pflanzen durch Photosynthese Kohlendioxid aus der Atmosphäre auf und binden es somit (Schultz 2002:110, 132). Die anschließende Zersetzung über Mikroorganismen ist allerdings aufgrund der nass-kalten klimatischen Bedingungen stark eingeschränkt, sodass sich mächtige Rohhumus- und Torfauflagen bilden können (Schultz 2002:113), die somit eine wichtige terrestrische Kohlenstoffsenke darstellen. Der Kohlenstoffgehalt von Permafrostböden hoher geographischer Breite wird auf 455 Gt beziffert, was in etwa 25 % des globalen im Boden gespeicherten Kohlenstoffs entspricht (Bundesumweltamt 2006:5 zit. in Post et al. 1982)

3 Ursachen und Folgen der Permafrostdegradierung

Die Degradierung von Permafrost bezieht sich auf eine natürliche oder anthropogene verursachte Erwärmung des Permafrostbodens, die sich in der Abnahme der Mächtigkeit des Permafrostkörpers, in größeren sommerlichen Auftautiefen und in der Abnahme der flächenhaften Verbreitung äußert (Solomon et al. 2007:371). Nach Weise (1983:18) befindet sich der kontinuierliche Permafrost größtenteils nicht mehr im Equilibrium mit den rezenten klimatischen Bedingungen, oder besitzt, „da die Umgebung des diskontinuierlichen Permafrostes ein hochkomplexes, dynamisches System bildet, sehr sensible thermische Gleichgewichtszustände, die bei der geringsten Veränderung der Umgebung Neubildung oder Abbau des Permafrostes zur Folge haben können" (Weise 1983:19). Veranschaulicht wurde dies bereits im Kap. 2.2 anhand der relativ eng gefassten Isothermen, die mit der Verbreitungsgrenze von kontinuierlichem, diskontinuierlichem und sporadischem Permafrost korrelieren. Die ebenfalls in Kap 2.2 bereits angesprochene den Permafrost isolierende Funktion der Vegetation und der Torf- bzw. Rohhumus-Auflage ist nach dem Modell von Luthin und Guymon (1974) als Pufferzone zu verstehen, die durch die Vegetations- und Schneebedeckung sowie die organische Auflage eine den Mineralboden isolierende Wirkung vor den atmosphärischen Einflüssen bedingt (vgl. Abb. 4).

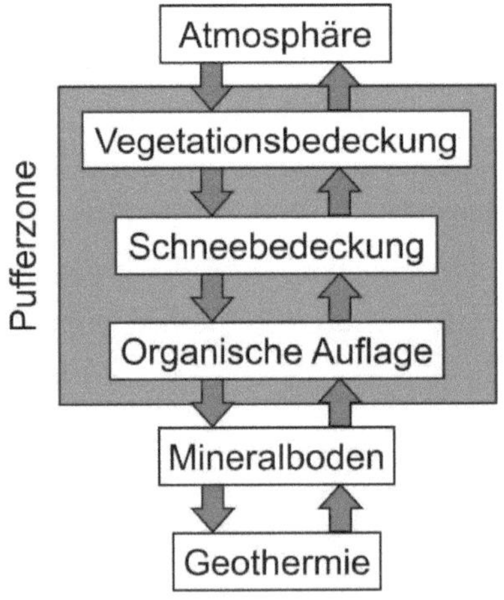

Abb. 4: Modellhafte Darstellung die Bodentemperatur steuernder Faktoren in Permafrostgebieten (eigene Darstellung nach Smithson et al. 2008:383)

Diese Pufferzone ist allerdings, falls überhaupt vorhanden, durch die prognostizierte Klimaerwärmung bzw. eine lokale Zerstörung der Vegetationsdecke, stark gefährdet. Es ist also damit zu rechnen, dass dem Boden mehr Wärme zugeführt wird und sich die Verbreitung des zonalen Permafrostes nordwärts bzw. die Verbreitung des alpinen Permafrostes in die Höhe verschiebt (Wüthrich/Thannheiser 2002:87).

Anzeichen für diese Vermutungen hat es in den letzten Jahrzehnten reichlich gegeben, von denen nur einige genannt werden sollen: Seit der Kleinen Eiszeit kann eine nordwärts gerichtete Verschiebung der diskontinuierlichen Permafrostgrenze in Nordamerika nachvollzogen werden (Lemke et al. 2007:372). In den Jahren 1901 bis 2002 hat die Permafrostverbreitung der nördlichen Hemisphäre insgesamt um 7 % an Fläche verloren (Lemke et al. 2007:340). Zudem konnte in Eurasien eine Abnahme der Permafrostmächtigkeit seit den 1950ern um 0,3 m und in der russischen Arktis eine Zunahme der Mächtigkeit der sommerlichen Auftauschicht (vgl. Abb. 5) in den Jahren 1956 bis 1990 um 0,2 m festgestellt werden (Lemke et al. 2007:340). Eine Verschiebung der montanen Permafrostgrenze um 25 m in die Höhe konnte ebenfalls in den Jahren 1975 bis 2002 auf den Qinghai-Xizang Plateau beobachtet werden (Lemke et al. 2007:372). In der kontinuierlichen Permafrostzone Sibiriens haben Thermokarstseen um 12 % an Fläche hinzugewonnen und ihre Anzahl stieg um 4 %, was ebenfalls auf degradierenden Permafrost hinweist (Lemke et al. 2007:372). In der diskontinuierlichen Permafrostzone Sibiriens hingegen hat die Fläche von und die Anzahl an Thermokarstseen aufgrund besserer Drainagebedingungen um knapp 10 % abgenommen (Lemke et al. 2007.372).

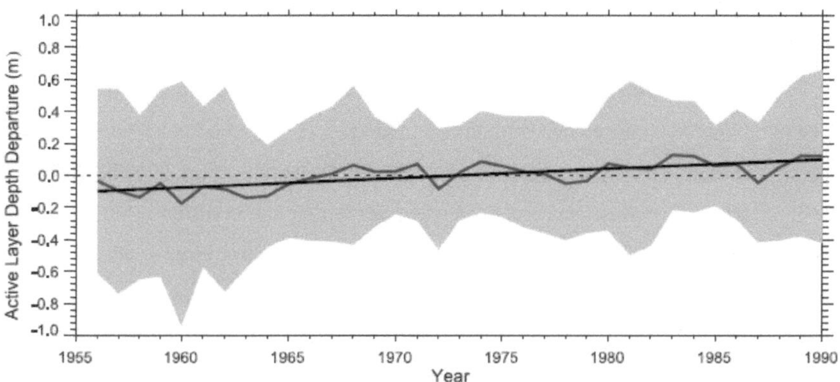

Abb. 5: Zunahme der Mächtigkeit der sommerlichen Auftauschicht in Russland in den Jahren 1956-1990 (Lemke et al. 2007:372)

3.1 Klimaerwärmung in Gebieten mit Permafrostverbreitung

Der Anstieg der jährlichen mittleren Lufttemperatur der Arktis fiel in den letzten Jahrzehnten im globalen Vergleich doppelt so stark aus, sodass z.B. in den Jahren 1954 bis 2003 eine Erwärmung in Sibirien und Alaska um 2 bis 3 °C festgestellt wurde (Umweltbundesamt 2006:6). Globalen Zirkulationsmodellen zufolge soll es je nach Modellierungsansatz und Szenario einen Anstieg der jährlichen durchschnittlichen Lufttemperatur in der Arktis um 2 bis 9 °C bis zum Jahr 2100 geben (Anisimov et al. 2007:662). Die jährlichen Niederschlagsmengen sollen sich dabei im Verlauf des 21. Jahrhunderts um 10 bis 20 % erhöhen (Anisimov et al. 2007:662). Auch wenn die Ursachen dieses globalen Erwärmungstrends in jüngster Vergangenheit aufgrund vieler Unsicherheiten nicht genau bestimmt werden können, so ist die Korrelation zum Eintrag von ‚anthropogenem' CO_2 in die Atmosphäre durch die Verbrennung fossiler Rohstoffe sowie Waldrodungen seit der Industrialisierung anhand von Eisbohrkernuntersuchungen evident (Häger et al. 1998:42).

Der durch Klimasimulationen prognostizierte Anstieg der globalen jährlichen durchschnittlichen Lufttemperatur fällt in den Polargebieten und im Hochgebirge durch ihre Sensitivität um einiges höher aus. Dies kann darauf zurückgeführt werden, dass sich „eine leichte Erwärmung der Atmosphäre über eine Verringerung der Schnee- und Eisflächen sehr stark auf die Albedo und damit auf den Energiehaushalt dieser Gebiete auswirkt" (Wüthrich/Thannheiser 2002:239). Entsprechend konnte in Eurasien und Nordamerika seit den 1980ern pro Jahrzehnt eine Zunahme von 5 bis 6 Tagen verzeichnet werden, an denen die Oberfläche keine Schneebedeckung mehr aufwies (Anisimov et al. 2007:662). In Korrelation dazu wurde ebenfalls ein Anstieg der Bodentemperaturen registriert. So stiegen seit den 1980ern in der Arktis die oberflächennahen Bodentemperaturen um 3 °C an, in Alaska nimmt die Mächtigkeit des Permafrostkörpers seit 1992 kontinuierlich um 4 cm/a und im Hochland von Tibet um 2 cm/a seit den 1960ern ab (Lemke et al. 2007:339). Ähnlich verhält es sich auch in Russland, wo ein Anstieg der Bodentemperaturen bis in 10 m Tiefe festgestellt werden konnte (ACIA 2004:87). Dies ist insofern gravierend, als dass große Abschnitte der diskontinuierlichen Permafrostzone bei einem Temperaturanstieg zwischen 1 und 3 °C instabil werden und somit verschwinden würden (Smithson et al. 2008:382). In der Zone des kontinuierlichen Permafrostes hingegen wird durch einen Anstieg der Boden-temperatur mit größeren sommerlichen Auftautiefen sowie einem Rückgang der Mächtigkeit von Permafrostkomplexen gerechnet (Smithson et al. 2008:382). Anisimov et al. (2007:663) prognostizieren daher gemäß IPCC-Modellierungen bis 2050 einen Rückgang der Permafrostverbreitung auf der Nordhemisphäre um 25 bis 35 % aufgrund des Auftauens und nicht erneutem Gefrierens in der diskontinuierlichen und sporadischen Permafrostzone. Zudem wird ebenfalls eine Zunahme der sommerlichen Auftautiefe um 30 bis 50 % bis zum Jahr 2080 erwartet (Anisimov et al. 2007:663).

3.2 Zerstörung der Vegetationsdecke durch anthropogenen Eingriff

Nach French (2007:108) stellt die Vegetation durch ihre den Boden isolierende Funktion den komplexesten terrestrischen Faktor für die Entstehung von Permafrost dar und beeinflusst die Genese somit, abgesehen von den vegetationsfreien polaren Wüsten, in nahezu allen Verbreitungsgebieten des kontinuierlichen, diskontinuierlichen und sporadischen Permafrostes. Durch die Entfernung der Vegetationsdecke entstehen lokale Störungen des Wärmeflusses und der Strahlungsbilanz, so dass eine Abschwächung dieser ‚Pufferzone' die Permafrostdegradation fördert.

Zwar sind Waldbrände natürlicher Ursache, wie z.B. durch Blitzschlag, ebenfalls als Grund für die Zerstörung der Vegetationsdecke zu sehen, allerdings können diese mit einer Feuerfrequenz von 180 bis 240 Jahren als notwendige Maßnahme der Verjüngung überalternder Bestände angesehen werden (Walter/Breckle 1999:447). Gegenteilig verhält es sich hingegen mit anthropogen verursachten Waldbränden, deren Anzahl und Flächenausdehnung im Zuge der globalen Erwärmung vermutlich noch weiter intensiviert werden wird. Die Zunahme der wirtschaftlichen, militärischen und logistischen Bedeutung der höheren Breiten (Weise 1983:167) führte entsprechend zu ihrer Erschließung, was durch den Bau entsprechender Stützpunkte inklusive dazugehöriger Infrastruktur zu einer lokalen Zerstörung der Vegetationsdecke führte (Wüthrich/Thannheiser 2002:87). Die Zerstörung der Moos- und Flechtendecke in der Tundra ist aufgrund einer Überweidung durch große Rentierbestände selbst auf Satellitenbildern zu erkennen (Wüthrich/Thannheiser 2002:264). Zudem müssen auch weitere Gründe wie die Rohstoffgewinnung, die Torfentnahme und die Schadstoff- sowie in Russland die Strahlenbelastung als anthropogene Ursachen für die Degradation bzw. Zerstörung der Vegetationsdecke in Betracht gezogen werden.

4 Entstehende Gefahren durch Permafrostdegradierung

Durch die Permafrostdegradierung in besiedelten oder bebauten Gebieten ist der Mensch zwangsweise direkt von den ablaufenden geomorphologischen Veränderungen der Erdoberfläche aufgrund des Auftauens des Permafrostbodens betroffen (André/Anisimov 2009:344). Hinzu kommen die klimatischen Auswirkungen, die durch die Emission klimawirksamer Treibhausgase Auswirkungen auf das Klima haben können und somit indirekt zu einer weiteren Verschärfung der ökosystemaren Veränderungen führen. In den folgenden Kapiteln sollen die entstehenden klimatischen und geomorphologischen Risiken samt möglicher Selbstverstärkungseffekte erörtert werden.

4.1 Geomorphologische Risiken

4.1.1 Massenbewegungen im Hochgebirge

Permafrost im Hochgebirge zeichnet sich primär durch eine stabilisierende Wirkung auf steile Hänge aus (Nötzli/Gruber 2005:117), so dass bei einer temperaturbedingten Degradation die Hangstabilität maßgeblich heruntergesetzt wird und somit resultierende denudative Massenbewegungen signifikante Naturgefahren darstellen können (Veit 2002:111). Besonders stark ausgeprägt ist diese stabilisierende Wirkung bei geklüfteten Felswänden, da Bodeneis als Bindemittel zwischen den einzelnen Gesteinspartien fungiert (Krainer 2007:12). Der Eisgehalt in den Klüften und somit der Grad an erzeugter Stabilität hängt von der Kluftdichte und -größe ab, die wiederum von der Gesteinsart bzw. dem Deformationszustand des Gesteins abhängen (Krainer 2007:12). Solange die Bodentemperaturen allerdings nicht ferner unter dem Gefrierpunkt verbleiben, kommt es zu einer Auflockerung des Gesteinskörpers, was entsprechend zu einer verstärkten Steinschlag- und Felssturzaktivität führen kann (Krainer 2007:12). Zentrifugenexperimente haben dabei ergeben, dass die Stabilität steiler Hänge mit eisgefüllten Klüften mit steigender Bodentemperatur abnimmt und ein Minimum an Stabilität bei -1,5 bis 0 °C erreicht (Nötzli et al. 2004:42). Dies ist darauf zurückzuführen, dass insbesondere „bei Temperaturen wenig unter dem Gefrierpunkt speziell reibungsarme Fels-/Eis-/Wassergemische entstehen können" (Nötzli et al. 2004:42), so dass vor dem Hintergrund der steigenden Luft- und Bodentemperaturen die größten Instabilitäten im Bereich des diskontinuierlichen und sporadischen Permafrostes erwartet werden. Erwähnenswert ist ferner, dass nicht unbedingt eine langfristige Erhöhung der Lufttemperatur notwendig ist, um eine erhöhte Hanginstabilität und somit auch Felsstürze zu erzeugen, sondern bereits eine kurzfristige bzw. saisonale Temperaturanomalie ausreicht, wie die erhöhte Felssturzaktivität in den Alpen im Sommer 2003 in Folge einer Hitzewelle beweist (Nötzli et al. 2004:11). Diese direkte Reaktion kann darauf zurückgeführt werden, dass die Oberflächen steiler Felswände aufgrund von mangelnder Schutt-, Vegetations- oder Schneebedeckung und somit ohne dazwischenliegende ‚Pufferzone‘ direkt den atmosphärischen Einflüssen ausgesetzt sind (Nötzli/Gruber 2005:119). Längerfristige Veränderungen der Lufttemperatur hingegen führen zu stark verzögerten und tiefgreifenden Instabilitäten, die sich ebenfalls in der Größe eines möglichen Sturzereignissen widerspiegeln (Nötzli/Gruber 2005:119). Hangabwärts-gerichtete Massenbewegungen im Hochgebirge durch auftauenden Permafrost sind allerdings nicht zwangsweise an Festgestein gebunden, sondern können ebenso in Lockermaterial auftreten, das z.B. durch die vorherrschende Frostverwitterung von anstehendem Gestein bereitgestellt und durch den Permafrost vor Erosion geschützt wurde (Krainer 2007:12). Lockermaterial aus steilen Schutthalden, das nach Abschmelzen des Eises eine verringerte Stabilität aufweist, stellt eine Akkumulation an erodierbarem Material dar und kann im Zuge der prognostizierten erhöhten jährlichen Niederschlagsmengen zu einer Zunahme von Murgängen führen (Krainer 2007:15). In Betracht gezogen werden müssen ebenfalls Hangrutschungen, bei denen die wasserundurchlässige Permafrosttafel als Gleitschicht fungiert und die sommerliche Auftauschicht sich als Einheit hangabwärts bewegt (Lemke et al. 2007:371). Höhere sommerliche Auftautiefen können zudem bereits bei kleinen Hangneigungen zu Solifluktionserscheinungen des wassergesättigten Materials führen (Ahnert 2003:144). Denkbar sind ebenfalls auftretende GLOFs (Glacial Lake Outburst Floods), falls der Gletschersee durch gefrorenes Material aufgestaut wurde, das nach dem Auftauen nicht mehr dem hohen Wasserdruck standhalten kann (Jétte-Nantel/Agrawala 2007:70).

Ebenso können muss unabhängig von der Permafrostdegradation im Zuge der globalen Erwärmung mit weiteren Georisiken wie z.B. der Hochwassergefahr infolge einer Erhöhung der Abflussmengen durch abschmelzende Gletscher gerechnet werden (Krainer 2007:15). Außerdem kann aufgrund von intensiveren Niederschlägen und höheren Windgeschwindig-keiten mit einer Zunahme der Lawinenabgänge gerechnet werden (Seiler 2006:17).

4.1.2 Infrastrukturelle Probleme durch Thermokarst

Setzungserscheinungen an Bauwerken bzw. an Infrastruktur können zwar auch im Hochgebirge beobachtet werden (Krainer 2007:15), allerdings sind flache Landschaften mit gehemmten Abfluss, schluffreichen und eisgesättigten Sedimenten, wie sie in Nord-Alaska, -Kanada und -Sibirien vorgefunden werden, besonders anfällig für diese Art von Bodensackungen (Weise 1983:152). Physikalisch erklärt werden kann dieser Prozess dadurch, dass Wasser um etwa 10 % an Volumen gewinnt, wenn es gefriert, so dass es dementsprechend zu einem Volumenverlust kommt, wenn Eis wieder auftaut. Eisreicher Permafrost kann dementsprechend beim Auftauen zu einer Absenkung der Bodenoberfläche führen (Lemke et al. 2007:369), die umso gravierender ausfällt, je höher der Eisgehalt im Untergrund ist. Dieser ist wiederum abhängig von der Korngröße des Substrats und fällt bei Fels, Sand, Kies und Schotter nur gering aus während in schluff- und tonreichen Böden sich nicht nur Poreneis ausbilden kann, sondern auch Grundeis in Form von eingelagerten Linsen und Lagen (Weise 1983:168). Dieser im Zusammenhang mit der Degradation des Permafrostes einhergehende Prozess wird in der Literatur unter dem Begriff *Thermokarst* bzw. *Pseudokarst* zusammengefasst (Blümel 1999:145) und zieht nicht nur drastische Veränderungen in Landschaften und Ökosystemen nach sich, sondern hat auch gravierende Auswirkungen auf betroffene infrastrukturelle Einrichtungen. Als daraus resultierende Oberflächenform seien sogenannte *Alasse* genannt, die als Thermokarst-Depressionen zu verstehen sind und oftmals kilometerweite flache Mulden ausbilden können (Schultz 2002:118). Alasse als Einzelformen weisen einen Durchmesser von 0,1 bis 15 km und Tiefen von wenigen Metern bis 40 m auf (Blümel 1999:145). Nach Weise (1983:156) sind in Zentral-Jakutien, einer Republik im nordöstlichen Teils Russlands, 40 bis 50 % der Landoberfläche von Alassen durchsetzt, die zu entsprechenden Tälern zusammenwachsen können. Typischerweise verteilen sich diese Thermokarstformen nicht gleichmäßig über die Landschaft, so dass eine ‚chaotische' Landoberfläche mit kleinen Hügeln und feuchten Senken als charakteristisch angesehen werden kann. Dies ist insbesondere in Gebieten üblich, in denen Eiskeile im Untergrund eine weite Verbreitung finden (Lemke et al. 2007:371). Bei entsprechender Absenkung der Oberfläche kann die Genese von Thermokarstseen gefördert werden, wobei dieses Stadium der Landschaftsentwicklung als weitgehend irreversibel und daher fatal eingestuft wird (Wüthrich/Thannheiser 2002:264).

Auch wenn der globale Permafrost lediglich auf 0,83 % des gesamten Frischwassereises beziffert wird, ergeben sich aus dieser periglazialen Landschaftsdynamik erhebliche Probleme für die Landnutzung und Inwertsetzung der Landschaft (Weise 1983:21). Dabei kann es nicht nur durch die Entfernung der isolierenden Vegetationsdecke infolge der Erschließung von Bauland zu erheblichen Thermokarstprozessen kommen, sondern auch durch die Abwärme bereits erbauter Gebäude, die das unterlagernde Bodeneis bis in mehrere Meter Tiefe schmelzen und somit die Absenkungen verstärken (Weise 1983:167). Wird der somit gesättigte Untergrund nicht einer Drainage unterzogen, erfolgt beim nächsten Gefrieren der Auftauschicht eine erneute Hebung, so dass wiederholt ablaufende Hebungs- und Senkungsbewegungen die darüberliegende Bausubstanz beschädigen (Weise 1983:168). Als Beispiel sei an dieser Stelle die auf Permafrost erbaute und 300.000 Einwohner fassende Stadt Jakutsk in Zentralsibirien genannt, in der aufgrund von klimainduzierter Permafrost-degradation und unangepasster Bauweise bereits über 300 Gebäude erhebliche Schäden genommen haben (ACIA 2004:89).

Im Zuge von anthropogenen Eingriffen wie dem Bau von Straßen, Bahntrassen, Pipelines, Flugpisten und Gebäuden wurden neue Techniken entwickelt, die „es ermöglichen sollen, auch unter schwierigen Permafrostbedingungen so zu bauen, dass ein Minimum an Schaden an den Bauwerken, als auch an der Umwelt zu verzeichnen ist" (Weise 1983:167). So kann z.B. bereits eine sorgfältige Standortwahl dazu beitragen, dass teure technische Maßnahmen in verringertem Ausmaß eingesetzt oder gänzlich vermieden werden können, wenn beispielsweise auf Terrassensedimenten mit einem geringem Eisgehalt gebaut wird (Blümel 1999:147). In Bereichen des diskontinuierlichen und sporadischen Permafrostes, in denen der Permafrostkörper nur eine relativ geringe Mächtigkeit aufweist, besteht die Möglichkeit des gezielten Auftauens des Dauerfrostbodens, um anschließend konventionell bauen zu können (Weise 1983:169). In Bereichen des kontinuierlichen Permafrostes muss hingegen darauf geachtet werden, dass die natürliche Moosdecke als isolierender Untergrund nicht zerstört wird, dass nach Möglichkeit auf Kies gebaut wird, dass Versorgungsleitungen zusammengefasst werden und wie sämtliche Gebäude auch auf Pfählen errichtet werden, damit durch die ermöglichte Luftzirkulation keine zusätzliche Erwärmung des Untergrundes stattfindet (Weise 1983:169). Straßen, Bahntrassen und Versorgungsleitungen hingegen können nicht auf Pfählen errichtet werden und müssen daher mit geeigneten Materialien isoliert bzw. mit Kühlaggregaten versehen werden (Blümel 1999:147).

4.2 Freisetzung von Methan

4.2.1 Methan als klimawirksames Treibhausgas

Methan (CH_4) ist neben Kohlendioxid (CO_2) und Distickstoffmonoxid (N_2O) ein wichtiges Treibhausgas, das einen Anteil der von der Erde abgegeben Infrarotstrahlung absorbiert und zurück Richtung Erdoberfläche emittiert. Mit 1,7 ppm hat Methan eine wesentliche geringere Konzentration in der Atmosphäre als Kohlendioxid mit 377 ppm (Umweltbundesamt 2006:5). Allerdings hat CH_4 im Vergleich zum CO_2 ein deutlich höheres Treibhauspotenzial (GWP = Global Warming Potential) und steht somit in seiner den anthropogenen Treibhauseffekt fördernden Wirkung an zweiter Stelle (Umweltbundesamt 2006:5). Das Treibhauspotenzial beschreibt die relative den Treibhauseffekt fördernde Wirkung von anderen Gasen im Vergleich zum Kohlendioxid und ist laut Definition für einen betrachteten Zeitraum von 100 Jahren als 1 definiert (Umweltbundesamt 2006:6). Das Treibhauspotenzial von Methan beträgt wiederum 23, so dass 1 Gt CH_4 in der Klimawirksamkeit einem Äquivalent von 23 Gt CO_2 entspricht (Umweltbundeamt 2006:6), allerdings im Vergleich zum Kohlendioxid mit 12-14 Jahren eine geringere atmosphärische Verweildauer aufweist (Wüthrich/Thannheiser 2002:243). Dennoch ist es unschwer vorstellbar, dass die Freisetzung eines Bruchteils des in Permafrostgebieten gespeicherten Kohlenstoffs in Form von Methan bereits Auswirkungen auf den Treibhauseffekt hätte.

4.2.2 Methanquellen in Permafrostböden

Wie bereits im Kapitel 2.4 dargelegt wurde, stellt die Akkumulation von organischem Material in den nördlichen Ökosystemen, insbesondere in Gebieten mit ausgeprägter Vermoorung im Bereich der borealen Zone und der Subarktis, einen global relevanten, terrestrischen Kohlenstoffspeicher dar (Wüthrich/Thannheiser 2002:241). Das in dieser C-Senke gespeicherte organische Material könnte nun aufgrund von eintretenden wärmeren klimatischen Bedingungen verstärkt durch Mikroorganismen zersetzt und somit zur C-Quelle werden, wobei in einer sauerstoffreichen Umgebung CO_2 gebildet werden würde und in einer sauerstoffarmen Umgebung, wie z.B. in einem vermoorten Bereich, CH_4 entstehen würde. In einer durch Permafrostdegradation geprägten Landschaft lassen sich somit, wie auch der Abb. 6 zu entnehmen ist, mehrere Methanquellen ausmachen, die im Grunde damit in Verbindung gebracht werden, dass die sommerliche Auftautiefe des Permafrostbodens zunimmt, dass Thermokarstprozesse mit großflächigen Vernässungen und Moorbildungen einhergehen und dass durch die günstigeren klimatischen Bedingungen die Zersetzungsrate von akkumuliertem organischem Material gefördert wird.

Abb. 6: Treibhausgasflüsse und Veränderungen durch Auftauprozesse in einer durch Permafrost geprägten Landschaft (ACIA 2004:39)

Im Zuge des sommerlichen Auftauens des *active layers* können die den Winter über eingefrorenen Gase wie CO_2 und CH_4 direkt entweichen, wobei eine Verstärkung dieses Prozesses bei größeren Auftautiefen zu erwarten wäre (Umweltbundesamt 2006:10). Zugleich würde ein Absinken der Permafrosttafel im Zuge der Permafrostdegradation bedeuten, dass „größere Flächen von gefrorenen Torfen im Bereich des sibirischen Tieflandes und der angrenzenden Waldmoorgebiete neu für den mikrobiellen Abbau" (Wüthrich/Thannheiser 2002:241) zugänglich gemacht werden würden. Durch einhergehende Versumpfungen und Genesen von Thermokarstseen in der kontinuierlichen Permafrostzone, also durch die Schaffung eines subhydrischen Milieus im Bereich des akkumulierten organischen Materials, ist von einer Zunahme der Methan-Emissionen auszugehen (Umweltbundesamt 2006:11). Modellberechnungen zufolge würde bereits eine Zunahme der Auftautiefe um 10 cm die Methan-Emissionen nördlicher Feuchtgebiete um etwa 38 % erhöhen, so dass diese bis zum Jahr 2100 auf 51 Gt CH_4 pro Jahr beziffert werden könnten (Umweltbundesamt 2006:11). Als weitere Quelle sind zudem die Methan-hydratvorkommen der Kontinentalhänge zu sehen (Umweltbundesamt 2006:13).

5 Fazit

Durch den anthropogenen Eintrag von Treibhausgasen, insbesondere durch die Verbrennung fossiler Energieträger, sind bereits heute signifikante klimatische Veränderungen eingetreten, so dass in naher Zukunft mit noch weitreichenderen Auswirkungen auf betroffene Ökosysteme zu rechnen ist, wovon der Mensch ebenfalls betroffen sein wird. Aufgrund von komplexen Verflechtungen und zahlreichen Rückkopplungen zwischen dem hydrologischen Kreislauf, der Vegetationsdynamik, der klimatischen Entwicklung und dem Relief lässt sich vor allem die freigesetzte Menge an Methan im Zuge der Permafrostdegradierung nur schwer beziffern, auch wenn dies anhand von Treibhaus-experimenten versucht wird. Dennoch verbleiben gerade vor dem Hintergrund der prognostizierten klimatischen Entwicklung noch viele Unsicherheiten, die durch die künftige Verschiebung der Ökozonen und damit verbundene Vegetationsentwicklung verstärkt werden. Ungeachtet der klimatischen Rückkopplung ist dennoch mit einer entsprechenden Morphodynamik der Erdoberfläche zu rechnen, die rein mechanischen Schaden an der Infrastruktur verrichtet. Allerdings kann man davon ausgehen, dass davon tendenziell die Altbauten betroffen sind, da die Erkenntnisse der letzten Jahrzehnte bereits Eingang in das Bauingenieurwesen gefunden haben. Abschließend bleibt somit zu sagen, dass sich aus den rezenten Prozessen und Simulationen lediglich Trends abzeichnen lassen und aufgrund der starken Vereinfachungen der Natur keine exakte Aussage über die reale zukünftige Entwicklung gemacht werden kann.

Literaturverzeichnis

Ahnert, F. (2003[3]): Einführung in die Geomorphologie. Stuttgart: Ulmer.

André, M.-F. / Anisimov, O. (2009): Tundra and permafrost-dominated taiga. In: Slaymaker, O. / Spencer, T. / Embleton-Hamann, C. (Hrsg.) (2009): Geomorphology and Global Environmental Change. New York: Cambridge University Press, 344-367.

Anisimov, O. / Vaughan, D.G. / Callaghan, T.V. / Furgal, C. / Marchant, H. / Prowse, T.D. / Vilhjálmsson, H. / Walsh, J. E. (2007): Polar regions (Arctic and Antarctic). In: Solomon, S. / Qin, D. / Manning, M. / Chen, Z. / Marquis, M. / Averyt, K. B. / Tignor, M. / Miller, H. L. (Hrsg.) (2007): Climate Change 2007: The Physical Science Basis. Working Group I Contribution to the Fourth Assessment Report of the Intergovernmental Panel on Climate Change. New York: Cambridge University Press, 653-686.

Arctic Climate Impact Assessment (ACIA) (Hrsg.) (2004): Impats of a Warming Arctic. <http://amap.no/acia/> abgerufen am 05.03.2012.

Blümel, W. D. (1999): Physische Geographie der Polargebiete. Stuttgart/Leipzig: Teubner.

Dobinski, W. (2011): Permafrost. In: Earth Science Reviews 108, 158-169.

French, H. M. (2007[3]): The Periglacial Environment. Chichester: John Wiley & Sons Ltd.

Häger, C. / Würth, G. / Kohlmaier G. H. (1998): Der Kohlenstoffkreislauf im Klimasystem. In: Lozán, J. L. / Graßl, H. / Hupfer, P. (Hrsg.) (1998): Warnsignal Klima. Hamburg: Wissenschaftliche Auswertungen, 42-48.

Jétte-Nantel, S. / Agrawala, S. (2007): Anpassung an den Klimawandel und Naturgefahren-management. In: Agrawala, S. (Hrsg.) (2007): Klimawandel in den Alpen. Anpassung des Wintertourismus und des Naturgefahrenmanagements. Paris: OECD Publishing.

Karte, J. (1979): Räumliche Abgrenzung und regionale Differenzierung des Periglaziärs. Geographisches Institut der Ruhr-Universität Bochum (= Bochumer Geographische Arbeiten 35).

Krainer, K. (2007): Permafrost und Naturgefahren in Österreich. <http://www.laendlicher-raum.at/article/archive/17542> abgerufen am 01.03.2012.

Lemke, P. / Ren, J. / Alley, R. B. / Allison, I. / Carrasco J. / Flato, G. / Fujii, Y. / Kaser, G. / Mote, P. / Thomas, R. H. / Zhang, T. (2007): Observations: Changes in Snow, Ice and Frozen Ground. In: Solomon, S. / Qin, D. / Manning, M. / Chen, Z. / Marquis, M. / Averyt, K. B. / Tignor, M. / Miller, H. L. (Hrsg.) (2007): Climate Change 2007: The Physical Science Basis. Working Group I Contribution to the Fourth Assessment Report of the Intergovernmental Panel on Climate Change. New York: Cambridge University Press, 337-384.

Nötzli, J. / Gruber, S. / Hölzle, M. (2004): Permafrost und Felsstürze im Hitzesommer 2003. In: GEOforum actuel 20, 11-14. <http://www.geo.unizh.ch/~stgruber/pubs/geoforum20_noetzli.pdf> abgerufen am 03.03.2012.

Nötzli, J. / Gruber, S. (2005): Alpiner Permafrost – Ein Überblick. In: Jahrbuch des Vereins zum Schutz der Bergwelt 70, 111-121. <http://www.permos.ch/downloads/ArtikelPermafrost_VzSB-Jb2005.pdf> abgerufen am 04.03.2012.

Schultz, J. (2002[3]): Die Ökozonen der Erde. Stuttgart: Ulmer.

Seiler, W. (2006): Der Klimawandel im Alpenraum: Trends, Auswirkungen und Herausforderungen. In: Lebensministerium Österreich (Hrsg.) (2006): Klimawandel im Alpenraum - Auswirkungen und Herausforderungen. <http://proclimweb.scnat.ch/portal/ressources/1336.pdf> abgerufen am 02.03.2012.

Smithson, P. / Addison, K. / Atkinson, K. (Hrsg.) (2008[4]): Fundamentals of the Physical Environment. London/New York: Routledge.

Stonehouse, B. (1989): Polar Ecology. New York: Chapman and Hall.

Treter, U. (1993): Die borealen Waldländer. Braunschweig: Westermann.

Umweltbundesamt (Hrsg.) (2006): Klimagefahr durch tauenden Permafrost? <http://www.umweltbundesamt.de/klimaschutz/publikationen/permafrost.pdf> abgerufen am 04.03.2012.

Veit, H. (2002): Die Alpen – Geoökologie und Landschaftsentwicklung. Stuttgart: Ulmer.

Walter, H. / Breckle, S.-W. (1999[7]): Vegetation und Klimazonen. Stuttgart: Ulmer.

Weise, O. R. (1983): Das Periglazial. Geomorphologie und Klima in gletscherfreien, kalten Regionen. Berlin/Stuttgart: Gebrüder Borntraeger.

Wüthrich, C. / Thannheiser, D. (2002): Die Polargebiete. Braunschweig: Westermann.

Zepp, H. (2008[4]): Geomorphologie. Stuttgart: UTB.